图说农村人居环境整治系列丛书

图说悄悄流走的资源

——农村生活污水处理利用的故事

农业农村部规划设计研究院　编绘

中国农业出版社
北京

图书在版编目（CIP）数据

图说悄悄流走的资源 ：农村生活污水处理利用的故事 / 农业农村部规划设计研究院编绘． –– 北京 ：中国农业出版社，2020.11
ISBN 978–7–109–27640–6

Ⅰ．①图… Ⅱ．①农… Ⅲ．①农村－生活污水－污水处理－中国－图解②农村－生活污水－废水综合利用－中国－图解 Ⅳ．①X703–64

中国版本图书馆CIP数据核字(2020)第250880号

中国农业出版社出版
地址：北京市朝阳区麦子店街18号楼
邮编：100125
责任编辑：周锦玉　杨　春
责任校对：吴丽婷
印刷：北京缤索印刷有限公司
版次：2020年11月第1版
印次：2020年11月北京第1次印刷
发行：新华书店北京发行所
开本：880mm×1230mm　1/24
印张：2
字数：50千字
定价：20.00元

前言

　　我国农村生活污水排放量每年约为 80 亿吨，污水中含有大量有机物、氮、磷、钾和病原体。大部分农村普遍缺乏完善的污水收集处理设施，将污水随意排放至沟渠、河道、湖泊或者就地泼洒等现象普遍存在，不仅造成地表水和地下水环境污染，还会影响居民身体健康。

　　农村生活污水治理是农村人居环境整治的重要内容，是实施乡村振兴战略的重要举措。习近平总书记多次做出重要指示，强调要因地制宜做好农村污水处理，不断提高农民生活质量。近年来，各地各有关部门认真贯彻落实中央部署要求，积极推动农村生活污水治理，取得了一定成效。但也要看到，农村生活污水治理仍然是农村人居环境整治最突出的短板之一。为了普及农村生活污水处理利用技术，农业农村部规划设计研究院组织编绘了科普绘本《图说悄悄流走的资源——农村生活污水处理利用的故事》。

　　本书以图文并茂、通俗易懂的问答方式，对农村生活污水的特点、收集方式以及处理利用方式等进行了细致讲解，内容精练、知识全面，希望能够对农村生活污水处理利用技术模式选择和工程建设起到一定的借鉴作用。

　　书中不足之处在所难免，敬请广大读者批评指正。

编　者

2020 年 7 月

目录

第一章
我国农村生活污水处理现状

一、农村生活污水的来源有哪些？

农村生活污水来源主要有两类：一类是黑水，主要为厕所粪污，约占生活污水排放总量的 30%，含有大量氮、磷和有机物等；另一类是灰水，主要包括农村居民洗浴、洗涤、做饭等产生的污水，约占生活污水排放总量的 70%，排放量大，有机物含量低。

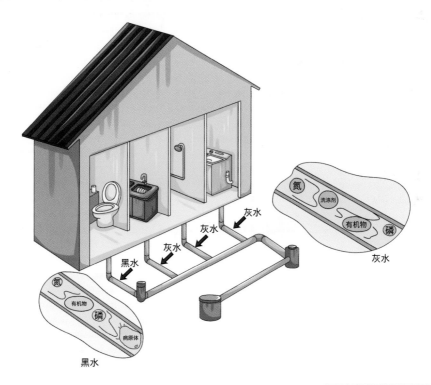

二、农村生活污水人均产生量有多少?

表 1-1　我国农村生活污水排放量 [升 /（人·天）]

村庄特点	南方地区	北方地区
经济条件好，室内卫生洗浴设施齐全	54 ～ 150	45 ～ 87
经济条件一般，卫生设施一般	24 ～ 72	18 ～ 54
无自来水，无卫生设施	12 ～ 42	12 ～ 24

  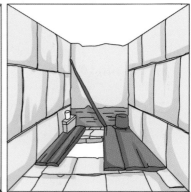

经济条件好，室内卫生洗浴
设施齐全

经济条件一般，卫生设施一般

无自来水，无卫生设施

1. 产生量大、排放分散

　　我国农村生活污水排放总量大,受季节、生活习惯影响,产生量波动性也较大。农村人口规模相对城市偏小且居住分散,导致污水排放分散,收集困难。

2. 水质较稳定

　　因我国各地农村生活习惯相似,农村生活污水成分、含量差异不大,含有一定的氮、磷等养分资源,重金属和有毒有害物质含量低,经处理后可作为农田灌溉或景观用水。

四、农村生活污水收集处理有哪些要求？

1. 单户或联户收集处理

厕所粪污与其他生活杂排水应分别单独收集处理。厕所粪污可作为粪肥资源化利用；其他生活杂排水可采用生态、生物方式处理后，用于庭院植物浇灌。

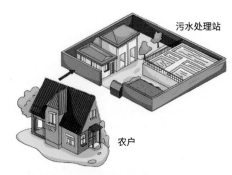

单户或联户收集处理

村内集中收集处理

2. 村内集中收集处理

应在源头进行黑灰水分离，鼓励黑水肥料化利用，灰水采用以渔净水、人工湿地、稳定塘等生态模式处理。

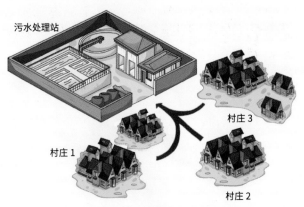

纳入城镇管网收集处理

3. 纳入城镇管网收集处理

应与农村改厕工作协同推进，并根据城镇管网要求、运输距离及地势合理铺设管道。

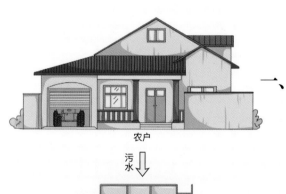

农户

污水

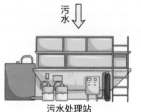

污水处理站

第二章
分散式收集处理利用技术模式

一、什么是分散式收集处理利用技术模式?

分散式收集处理利用技术模式,即单个或多个农户采用小型污水处理设备或自然处理形式处理生活污水,适用于人口密度低、地形条件复杂、污水不易集中收集的村庄,如庭院式分散处理、街道式局部集中就地处理等。

分散式收集处理利用技术模式包括化粪池+生态处理模式、化粪池+生物处理模式、黑灰水分离+生态处理模式。

二、什么是化粪池+生态处理模式?

有可利用土地的农户,可选择化粪池+生态处理模式。黑灰水一并进入化粪池或沼气池,经处理后进入生态处理单元,去除污水中的病原体,吸附、降解和吸收污水中的污染物质,实现污水净化。生态处理单元宜采用人工湿地、土地渗滤、稳定塘等技术。经适度处理后的生活污水可用作灌溉用水、养殖业的卫生用水以及城乡杂用水。

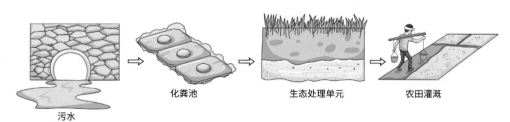

污水 → 化粪池 → 生态处理单元 → 农田灌溉

三、什么是人工湿地？

　　人工湿地是一种通过人工设计、改造而成的半生态型污水处理系统，主要利用土壤、人工介质、植物、微生物的物理、化学、生物三重协同作用对污水中的污染物进行降解。具有投资小、运行费用低、维护管理简便等特点，并且水生植物还可起到美化环境、调节气候的作用。适用于人口密度较低、污水排放量较少的农村地区。建设面积与服务人口比例为 0.1～4.0 平方米 / 人。

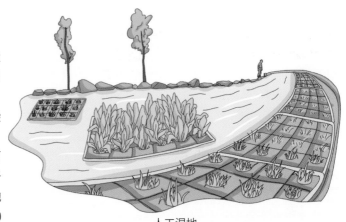

人工湿地

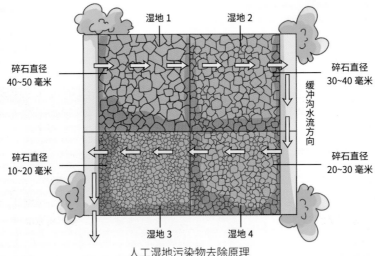

人工湿地污染物去除原理

　　按碎石大小分为 4 级湿地，每级湿地均由水生植物、碎石床和基质组成，碎石床厚度为 500 毫米。污水通过微生物的氧化分解及水生植物的直接吸收得以净化。黄色箭头为缓冲沟水流方向。

2. 组成

　　人工湿地由湿地池体、填料、植物和布水系统等组成，可以分为表流湿地、水平潜流湿地和垂直潜流湿地三类。表流湿地处理系统投资运行费用低，但占地面积大，冬季易结冰，夏季易繁殖蚊虫，并有臭味。潜流湿地占地面积小，卫生条件好，但建设费用较高。

　　常用填料有矿渣、粉煤灰、蛭石、沸石、沙子、石灰石、高炉渣、页岩等。碎砖瓦、混凝土块经过筛选也可作为填料使用。

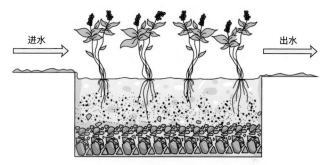

表流湿地

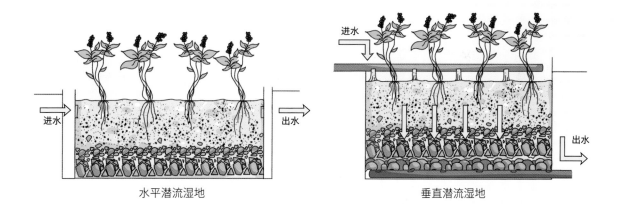

水平潜流湿地　　　　　　　　　　垂直潜流湿地

(1) 土方的挖掘

留足回填需要的好土，多余的土方应一次运至弃土处，避免多次转运。

(2) 前处理系统的修建

与化粪池相连接。

(3) 土工防渗膜的铺装

渗透率低于 10^{-6} 厘米 / 秒，薄膜厚度大于 1.0 毫米。

(4) 布水管道的铺设

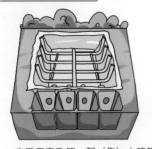

宜采用穿孔管、配（集）水管等方式。

(5) 基质材料的填装

如采用偏碱性基质，需进行充分浸泡等预处理。

(6) 土壤的回填和植物的种植

填料安装后，湿地孔隙率不宜低于 0.3。植物种类可选择芦苇、美人蕉、菖蒲、水芹、灯心草、冲天草等。

4. 维护注意事项

① 要合理控制湿地水位，在枯水期、丰水期、汛期需要适当进行水位调节。

② 污水进入人工湿地前，宜采用生物处理降低污染物浓度。

③ 人工湿地应定期清理淤泥，防止堵塞。

四、什么是土地渗滤?

1. 定义

土地渗滤是利用自然土壤中的动物、微生物、植物根系及土壤所具有的物理、化学特性将污水净化的技术。该技术占地面积大,但投资和运行费用低,管护简便,主要用于单户或联户规模的分散型农村生活污水处理。

2. 类型

根据污水的投配方式及处理过程不同,土地渗滤分为慢速渗滤、快速渗滤、地表漫流和地下渗滤四种类型。

(1) 慢速渗滤

污水通过蒸发、作物吸收、入渗过程后,流出的水量通常为0,即完全被净化吸纳。

(2) 快速渗滤

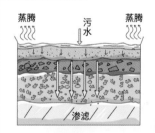

污水向土地渗滤的过程中,通过物理、化学及生物作用得到净化处理。适用于具有良好渗滤性能的土地,如砂土、砾石性砂土等。

(3) 地表漫流

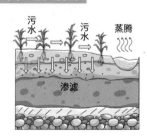

污水在具有坡度的地面上均匀地漫流,流向坡脚的集水渠,尾水收集后可回用或排放入水体。适用于土质渗透性好的黏土或亚黏土。

(4) 地下渗滤

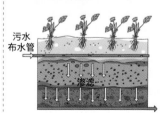

通过布水管将污水投配到距地表一定距离、渗透性良好的土层中,利用土毛细管浸润和渗透作用,经沉淀、过滤、吸附和生物降解等过程达到处理要求,适合污水的深度处理。

3. 建设要点

以地下渗滤系统为例，施工时先挖明渠，渠底填入碎石或沙砾，碎石层以上布设穿孔管，再以沙砾将穿孔管淹埋，最后覆盖表土。穿孔管以埋于地表下 50 厘米为宜，也可采用地下渗滤沟进行布水。

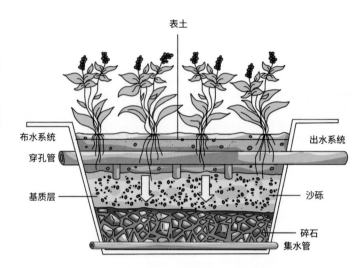

表土

布水系统　　出水系统

穿孔管

基质层　　沙砾

碎石

集水管

4. 运行管理

及时收割

及时收割植物，以去除吸附在植物体中的污染物。

检查有无浸泡现象

检查土壤表层是否有浸泡的现象。如果有，说明存在堵塞现象或水力负荷过大。

五、什么是化粪池＋生物处理模式?

对于没有可利用土地的散户或对排水水质要求较高的地区，可采用化粪池＋生物处理模式处理污水。生物处理单元可采用小型一体化生活污水处理设备，处理后的污水可直接排放或进一步连接稳定塘等生态处理单元后排放。经适度处理后的生活污水可用作灌溉用水和养殖业的卫生用水。

该工艺的特点是处理效果好，占地面积小，但需要定期维护管理。

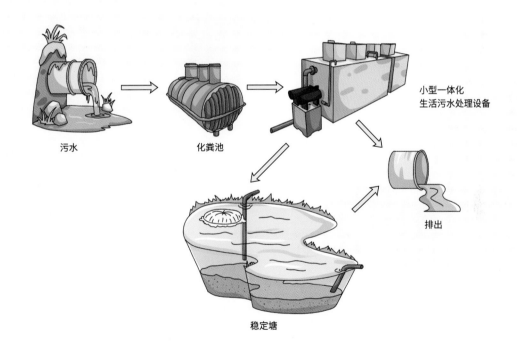

污水　　　　化粪池

小型一体化
生活污水处理设备

排出

稳定塘

六、什么是小型一体化生活污水处理设备?

小型一体化生活污水处理设备，主要在排水管网不能覆盖、污水无法纳入集中处理设施进行统一处理的地区推广使用。工艺流程主要包括悬浮固体沉淀去除、生化处理、沉淀等环节，生化处理可采用厌氧滤池、接触氧化、膜分离、流化床等工艺，处理后的生活污水经过沉淀槽沉淀、人工湿地、稳定塘等深度处理，出水的化学需氧量（COD）和总氮可以达到一级 B 标准。该设备具有使用方便、专业化程度高、技术成熟稳定等特点。

运行管理
① 严禁砂石、泥土、纤维织物等进入设备，否则易造成管路堵塞。
② 严禁有毒有害化学物质进入设备，以免破坏反应系统。
③ 定期维护保养，及时排除故障，定期排出污泥。
④ 应正确使用电气设备，定期检查绝缘性能，防止发生触电事故。

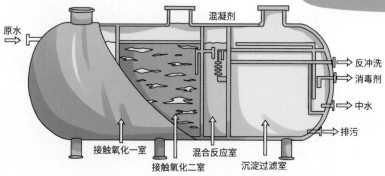

小型一体化生活污水处理设备组成结构

七、什么是稳定塘?

　　稳定塘,也可以称为氧化塘或生物塘,是一种利用水体自然净化能力处理污水的生物处理设施,主要借助稀释、沉淀、絮凝和微生物、藻类等作用实现污染物去除,结构简单,投资成本低,占地面积大,可用农村原有的蓄水塘改建而成。适用于干旱、半干旱地区,以及资金短缺、土地面积相对丰富的农村地区,建设面积与服务人口比例为 0.8 ~ 1.6 平方米 / 人。

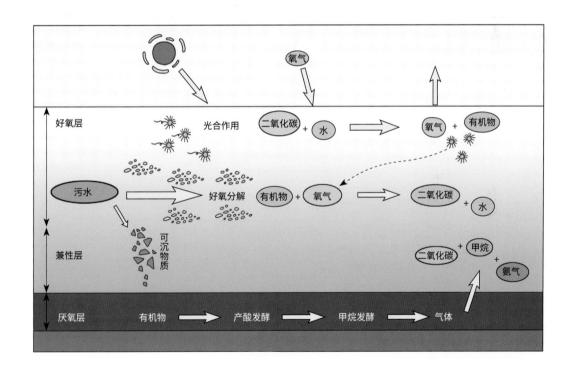

稳定塘一般可分为好氧塘、兼性塘、厌氧塘、曝气塘和生态塘。当进水污染物浓度较低时，一般设计为好氧塘或生态塘；当进水污染物浓度较高时，可设计为厌氧塘或曝气塘；污水水质介于这两者之间时，通常设计为兼性塘。

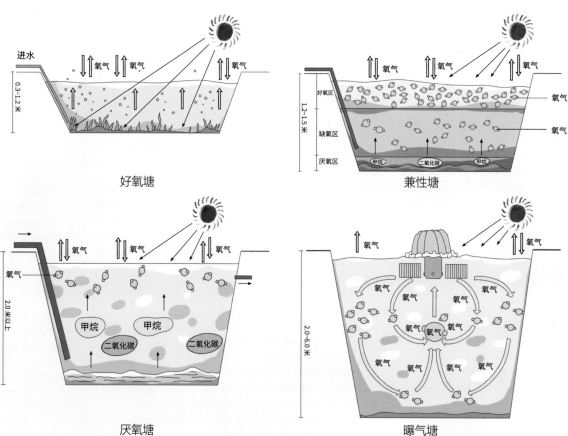

好氧塘

兼性塘

厌氧塘

曝气塘

污水进入稳定塘前，应经过化粪池、厌氧、好氧生物接触氧化等预处理，以保证处理效果达到设计要求。污水稳定塘进水应达到《污水综合排放标准》中Ⅲ级标准规定。稳定塘应做好防渗，尽量远离居民点，运行过程中应定期检查渗漏和水体中生物生长情况。

稳定塘数量不少于 2 座，停留时间 7~180 天，塘长宽比为 2 :1。

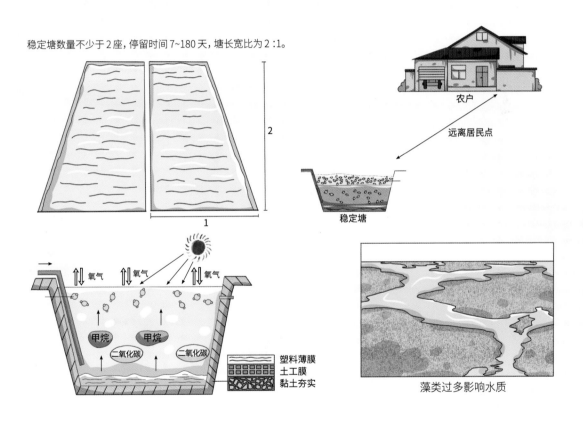

农户

远离居民点

稳定塘

氧气　氧气　氧气

甲烷　甲烷

二氧化碳　二氧化碳

塑料薄膜
土工膜
黏土夯实

藻类过多影响水质

八、什么是黑灰水分离+生态处理模式?

　　针对有黑水农用需求的农户，可采用黑灰水分离+生态处理模式处理污水。黑水收集后排入化粪池或沼气池，处理后可农用。灰水收集经过沉淀处理后进入人工湿地或土地渗滤系统，经适度处理后出水可直接排放或作为景观用水利用。

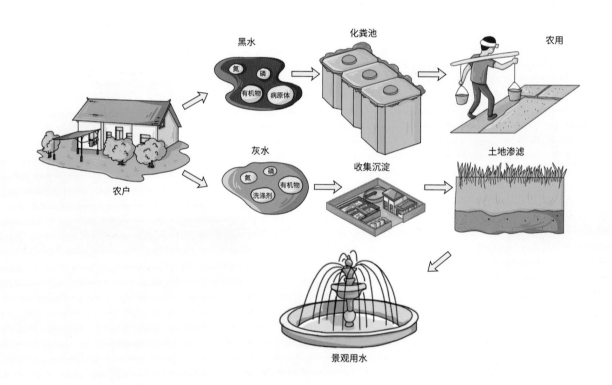

九、什么是化粪池?

1. 定义

化粪池是一种利用沉淀和厌氧微生物发酵的原理，以去除粪便污水或其他生活污水中悬浮物、有机物和病原体的处理设施。

化粪池具有结构简单、施工简易、造价低、运行费用省、卫生效果好、维护管理简便等优点。

适用于农村污水的初级处理，特别适用于旱厕改造后的水冲式厕所粪污的预处理。

2. 类型

目前应用较多的化粪池主要为三格式和双瓮式。根据建筑材料和结构的不同，可将其分为砖砌、现浇 / 预制混凝土、玻璃钢、塑料（PE 或 PVC）化粪池等。

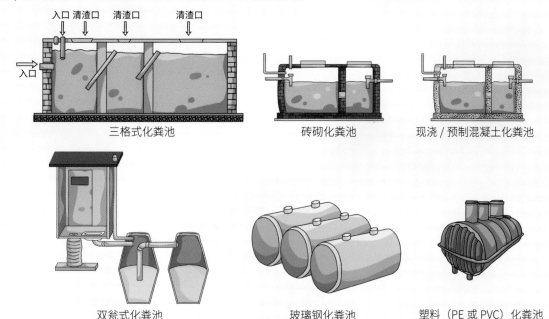

三格式化粪池 砖砌化粪池 现浇 / 预制混凝土化粪池

双瓮式化粪池 玻璃钢化粪池 塑料（PE 或 PVC）化粪池

3. 建设要点

(1) 设计　依据《给水排水设计手册》和《镇（乡）排水工程技术规程》（CJJ 124—2008），由专业技术人员设计。

(2) 施工　主要包括挖坑、基础处理、池体建设、覆土等。

挖坑

150 毫米碎石垫层
素土夯实

基础处理

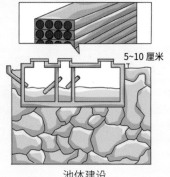

5~10 厘米

池体建设

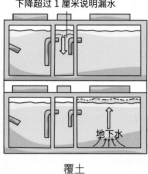

下降超过 1 厘米说明漏水

地下水

覆土

（3）运行管理　化粪池的日常维护检查包括化粪池的水量控制、防漏、防臭、清理格栅杂物、清理池渣等工作，由专业人员维护。在清渣或取粪水时，不得在池边使用明火、吸烟等，以防粪污发酵产生的沼气遇火爆炸；检查或清理池渣后，盖好井盖，以免对人畜造成危害。

冬季用热水清理

粪污可抽出集中处理

不得往里面扔鞭炮、烟头等

十、什么是沼气池?

1. 定义

沼气池是利用厌氧微生物在厌氧条件下将生活污水中的有机物分解转化成甲烷、二氧化碳和水的污水处理设施。

适用于一家一户或联户农村污水的处理。如果有畜禽养殖、蔬菜种植和果林种植等产业，可选择适合不同产业结构的沼气利用模式。

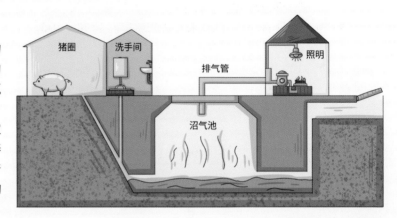

2. 类型

沼气池，根据建筑材料和结构的不同，可分为砖砌、钢筋混凝土浇筑和玻璃钢沼气池等类型；根据埋设位置不同，可分为地下式、半埋式和地上式三大类。一般农户均采用地下式沼气池。

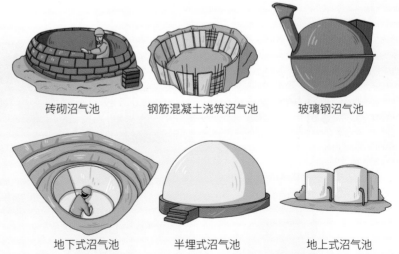

砖砌沼气池　　　钢筋混凝土浇筑沼气池　　　玻璃钢沼气池

地下式沼气池　　　半埋式沼气池　　　地上式沼气池

（1）**设计**　沼气池建造包括选址、挖坑、浇筑池底、砌筑池身、浇筑池顶、砌筑进出料口、涂抹密封、试压试水 8 个步骤。需要有专业的技术人员现场指导，才可以建设。

①选址

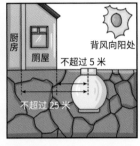

②挖坑

③浇筑池底

④砌筑池身

⑤浇筑池顶

⑥砌筑进出料口

⑦涂抹密封

⑧试压试水

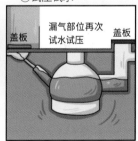

（2）运行管护

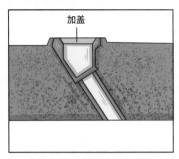

沼气池的进料口务必加盖，避免造成人畜伤亡。

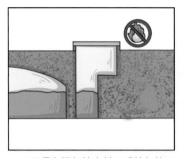

不得在沼气池出料口或输气管口附近点火，以免引起火灾。

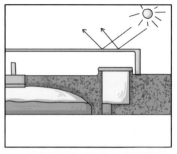

室外管路应采取防晒保护措施，以免管路风化、老化引起漏气。

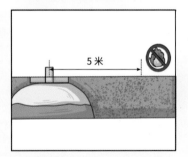

严禁在沼气池5米半径范围内生火。

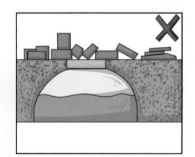

沼气池及周围不能存放笨重的东西（如砖块、石头等），也不能存放易燃易爆物（如柴草堆）。

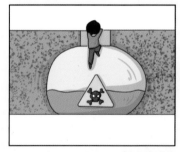

严禁在无安全防护措施的情况下贸然下池工作。

第三章
集中式收集处理利用技术模式

一、什么是集中式收集处理利用技术模式?

针对村庄农户居住集中、全部或部分具备管网敷设条件的村落，宜采用生活污水集中处理利用模式。该模式是我国农村生活污水处理中普遍应用的方式之一，通过在村庄附近建设一处农村生活污水处理设施，将村庄内全部污水集中收集输送至此就地处理。

将农村生活污水收集输送至污水处理设施

针对城镇近郊区、经济条件较好的农村，如果生活污水能直接接入城镇污水管道，可选择纳入城镇污水管网，进行统一集中处理。该模式可减少建设投资，村庄无运行管理责任，无需承担运行费用，可实现"一次投资、多年受益"。

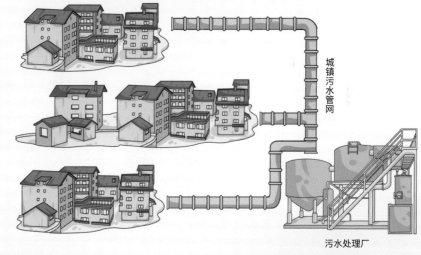

将农村生活污水纳入城镇污水管网

二、生物处理技术有哪些？

集中处理以生物处理模式为主，包括生物膜法和活性污泥法。生物膜法可采用生物接触氧化池和生物滤池等技术；活性污泥法可采用传统活性污泥法和氧化沟等技术。

处理后的水可回用于城乡杂用水、景观用水、灌溉用水、养殖业的卫生用水或达标排放。

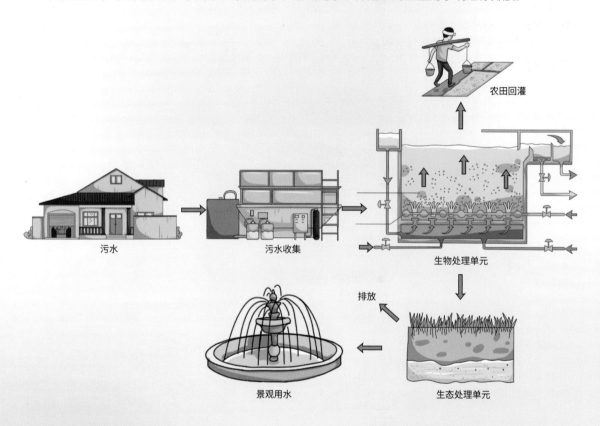

农田回灌

污水　　　污水收集　　　生物处理单元

排放

景观用水　　　生态处理单元

三、什么是生物滤池?

生物滤池由池体、滤料、布水装置和排水系统组成,以滤池中填装的粒状填料为载体,在滤池内部进行曝气,使滤料表面生长着大量生物膜,利用生物膜中高浓度的活性微生物强氧化分解作用处理污水。需配套建设二沉池,以去除剩余污泥。

生物滤池具有占地小、处理效果稳定等优点,适用于自然村或中小型聚居点的污水处理,尤其适合年平均气温较高、土地面积少、地形坡度大、水质水量波动大的村庄。

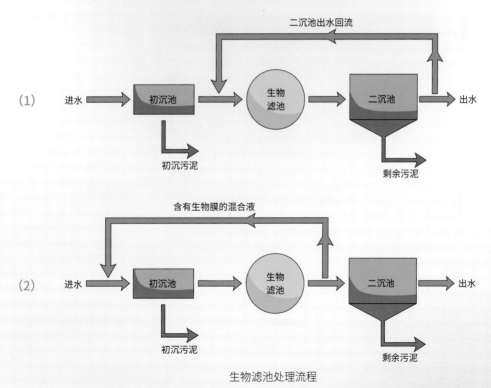

生物滤池处理流程

生物滤池一般可分为普通生物滤池和高负荷生物滤池。普通生物滤池负荷较低，占地面积较大，呈逐渐被淘汰趋势。高负荷生物滤池在普通生物滤池基础上，采取处理水回流措施，进水生化需氧量（BOD）在200毫克/升以下，提高了水量和BOD负荷，解决了占地大、易堵塞的问题。按照不同污染物的去除功能，可分为碳氧化生物滤池、硝化生物滤池和反硝化生物滤池；按照水流在生物滤池中穿行的方向，可分为上向流、下向流、侧向流或折流式生物滤地。

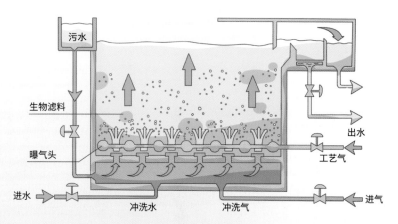

上向流生物滤地

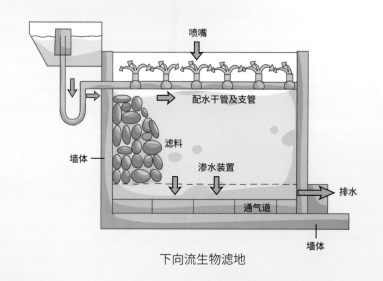

下向流生物滤地

① 进水悬浮固体浓度不宜大于 60 毫克 / 升。

② 生物滤池的布水必须均匀。

③ 应定期检查是否堵塞。

④ 应定期排放、处置污泥。

⑤ 应做好渗漏检查，防止二次污染。

四、什么是生物接触氧化池?

 定义

　　生物接触氧化池技术是在池体中填充填料，污水浸没填料，并以一定的流速经过填料，在氧气、污水和填料相互接触过程中，通过生物膜上微生物的新陈代谢作用，去除污水中的有机物。生物接触氧化池主要由池体、填料、支架、曝气装置、进出水装置以及排泥管道等部件组成。该技术可用于分散式和集中式农村生活污水处理。

　　(1)优点　①适用范围广，结构简单，占地面积小；②处理系统的可靠性和稳定性较高；③操作简便、动力消耗低；④可间歇运行。

　　(2)缺点　①系统可调控性差，负荷不易过高；②建设费用高，更换填料时工作量大。

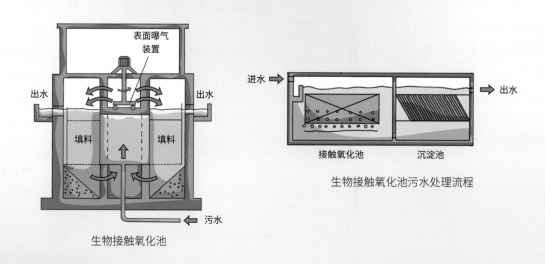

生物接触氧化池

生物接触氧化池污水处理流程

类型

按曝气装置的位置不同，可将生物接触氧化池分为分流式和直流式两种。

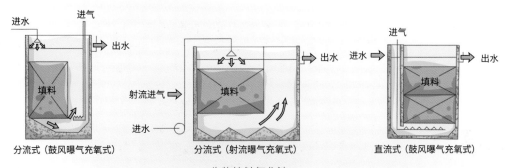

生物接触氧化池

 建设要点

① 按平均污水量设计，填料体积按容积负荷计算。

② 污水在接触氧化池内有效停留时间不少于 2 小时。

③ 进入接触氧化池的污水 BOD_5 浓度控制在 100 ~ 300 毫克 / 升。当大于 300 毫克 / 升时，可考虑采用处理水回流稀释。

④ 填料层总高一般取 3 米，分层设置，由填料品种确定，一般单层不宜超过 1.5 米。

⑤ 溶解氧量一般应维持在 2.5 ~ 3.5 毫克 / 升，气水比为（15 ~ 20）:1。

⑥ 为保证布水、布气均匀，每格生物接触氧化池体积应在 25 立方米以内。

五、什么是氧化沟?

定义

　　氧化沟是利用连续环式反应池作生物反应池，污水和活性污泥混合液在闭合曝气渠道中不断循环流动，实现污水净化处理。其结构、设备和管护简单，投资低，但占地面积大、耗电高，适用于处理污染物浓度相对较高的污水。

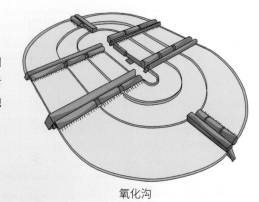

氧化沟

类型

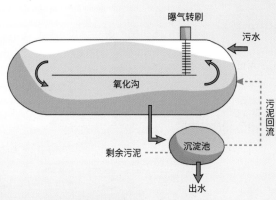

帕思维尔（Passever）氧化沟

　　沟渠为跑道形，沟上安装一个或数个转刷，通过转刷转动推动水流在沟内循环流动和充氧。

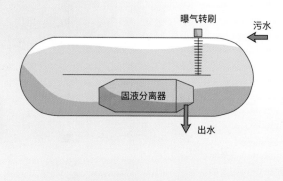

一体化氧化沟

　　将沉淀池与氧化沟建在同一构筑物中，利用水流动力实现无泵回流，从而节省污泥回流费用。

建设要点

（1）设计　建设内容包括沟体、曝气设备、进出水装置、导流和混合设备、二沉池及电气与控制系统等。设计参数宜根据试验资料结果确定，在无试验资料时，可参照类似工程选择。

（2）施工　选择专业施工队进行施工和安装。

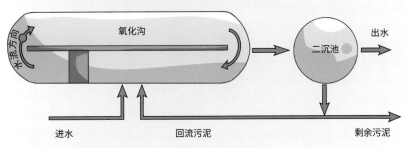

氧化沟工艺流程

定期检查和维护

六、什么是活性污泥法？

定义

　　活性污泥法是通过向水中通入空气，对污水和各种微生物群体进行连续混合培养，利用活性污泥的凝聚、吸附和氧化作用，分解去除污水中有机污染物的方法，是利用悬浮在水中的微生物进行污水处理生物方法的统称。

　　活性污泥法对不同性质的污水适应性强，建设费用较低，适用于有机物含量高的污水处理，但存在运行稳定性差、污泥易膨胀流失、分离效果不理想等问题。

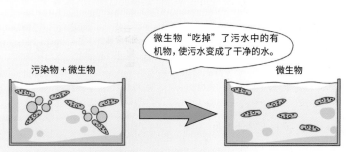

活性污泥法去除污染物原理

类型

传统活性污泥法采用沉淀、过滤、曝气和二次沉淀工艺，曝气池和二沉池是主要装置。该工艺包括 AO 法、AAO（A^2O）法、SBR 法和氧化沟。

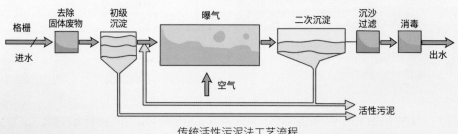

传统活性污泥法工艺流程

图说悄悄流走的资源——农村生活污水处理利用的故事

(1) AO 法　是指厌氧–好氧工艺法，A 是厌氧段，用于脱氮除磷；O 是好氧段，用于分解水中的有机物。该系统简单、运行费用低、占地面积小，适用于一般条件的污水处理。

(2) AAO（A²O）法　是指厌氧–缺氧–好氧法，可同步脱氮除磷，总水力停留时间短，运行费用低。适用于二级或三级污水处理，以及中水回用。

(3) SBR 法　是指序批式活性污泥法（sequencing batch reactor activated sludge process，SBR），集调节池、曝气池、沉淀池为一体，不需设污泥回流系统。该工艺操作方便、节省投资、效果稳定，污泥不易膨胀，耐冲击负荷强及具有脱氮除磷能力，适用于经济较发达、用地紧张、水量变化大和出水水质需要较高的中小型农村生活污水处理。

(4) 氧化沟　见本章第五部分内容。

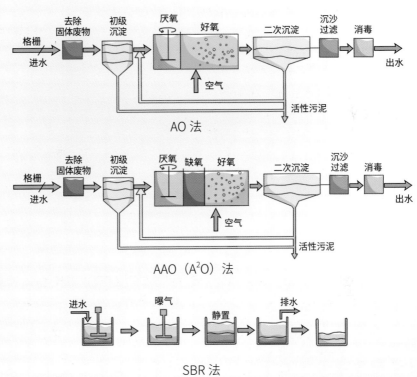

AO 法

AAO（A²O）法

SBR 法

建设要点

运行条件

温度 10 ～ 50℃；pH 6 ～ 9；充足供氧；污水中含有足够的可溶性易降解有机物；活性污泥在池内呈悬浮状态并在曝气池中保持一定浓度。

第四章
农村生活污水处理设施的管理

一、农村生活污水排放需达到什么要求？

农村生活污水通过分散式或集中式收集处理，经过湿地、土地等进一步处理后，可用于农田灌溉、渔业用水、景观环境用水或直接排入受纳水体，出水水质应符合相关标准。

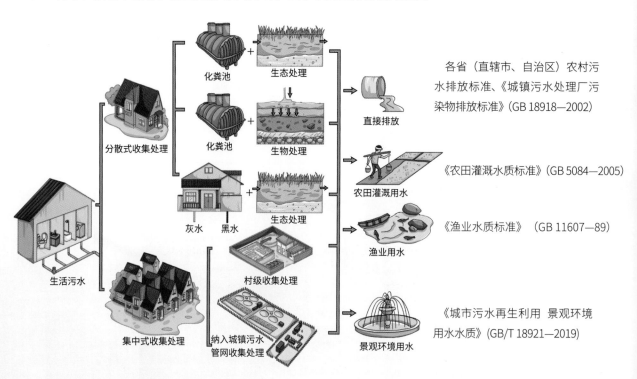

各省（直辖市、自治区）农村污水排放标准、《城镇污水处理厂污染物排放标准》（GB 18918—2002）

《农田灌溉水质标准》（GB 5084—2005）

《渔业水质标准》 （GB 11607—89）

《城市污水再生利用 景观环境用水水质》（GB/T 18921—2019）

二、农村生活污水处理设施管护模式有哪些？

1. 集中式收集处理利用设施管护

（1）"镇村分管"模式　适用于未纳入公共设施一体化统一管理的村庄。

农村污水处理系统主要分为处理站、主干管网、支管网和入户管。将处理站和主干管网等处理环节设施作为"镇管"，由镇人民政府委托第三方专业管护队伍实行统一管护；支管网和入户管等处理环节设施作为"村管"，由村委会组织管护队伍或委托第三方专业管护队伍负责管护。

集中式农村污水处理系统

| 污水处理站 | 主干管网 | 支管网 | 入户管 |

乡镇管理

管护费用由乡镇
人民政府拨付给
第三方管护主体

村级统一管理

管护费用由乡镇
人民政府拨付给
村委会

第三方管护主体或
村民管护队伍

"镇村分管"模式

（2）"村委自治"模式　适用于公共设施一体化统一管理的村庄。以村委会作为管理责任主体，将农村污水设施管理维护纳入农村公共设施一体化统一管理，由村民自发成立管护队伍或委托有资质、有能力的公司进行物业式长效管理。

集中式农村污水处理系统

污水处理站　　　　主干管网　　　　支管网　　　　入户管

村级统一管理　　　　第三方管护主体或
　　　　　　　　　　村民管护队伍

"村委自治"模式

2. 分散式收集处理利用设施管护

村民自行负责所使用的污水处理设施的日常维护，或委托有资质、有能力的公司进行物业式长效管理。

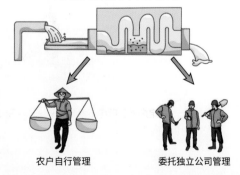

分散式农村污水处理系统

农户自行管理　　　　委托独立公司管理

图说悄悄流走的资源——农村生活污水处理利用的故事

三、农村生活污水收集管网应如何维护?

管网日常养护的内容主要包括管网内杂物、垃圾、积泥的清除,管道的疏通,泵站内水泵、阀门、流量计的保养,格栅的清理等。

定期对污水收集系统进行检查和维护,发现淤积或堵塞应立即疏通。

定期检查管道接口和转弯处是否渗漏损坏。

定期对提升泵、阀门、流量计等进行保养。

定期清理厨房下水道前防堵漏斗及浴室排水毛发过滤器。

定期检查和清理检查井。下井前必须先做安全检测,发现有害气体后要采取措施及时排除。

四、污水处理设施运行管理中应注意哪些安全事项？

1. 建立安全教育制度

对新进的运行管理人员，定期进行系统性的安全教育。

2. 严禁烟火

日常运行管理应严禁烟火，并在醒目位置设置"严禁烟火"标志。确需动火操作时，必须采取安全措施，并经过安全部门审批。

严禁烟火

3. 预防触电

污水处理设施应设有防触电装置和消静电装置，维修时必须断电，并悬挂维修标牌。

消静电装置　　　　高压电力设备防触电装置

4. 做好安全防护

日常运行管理中，要用好安全帽、安全带、安全网，做好"四口"和"五邻边"的防护。高处作业应注意防滑或跌落，雨雪天气应特别注意防滑。

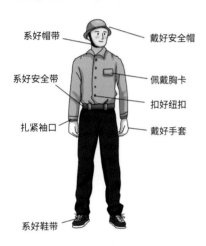

系好帽带 — 戴好安全帽
系好安全带 — 佩戴胸卡
扎紧袖口 — 扣好纽扣
— 戴好手套
系好鞋带

"四口"

 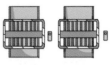

楼梯口防护　　电梯口防护　　预留洞口防护　　出入口防护

"五邻边"

 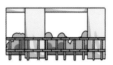

楼层周边防护　　　　　天台防护

楼梯侧边防护　　屋面周围防护　　坑、沟、槽周边防护

5. 谨防中毒

严禁随意进入具有有毒、有害气体的设施内部。确需进入时，必须采取安全措施。应在明显位置配备防护救生设施及相关用品。应制订火灾、爆炸、有毒有害气体泄漏、自然灾害等意外事件的紧急应变程序和方案。

应在明显位置配备防护救生设施及相关用品

技术支持

农业农村部规划设计研究院

王惠惠 010-59197236

图书咨询

中国农业出版社

周锦玉 010-59194310